CATALOGUE

DES

MOLLUSQUES

OBSERVÉS

DANS LE DÉPARTEMENT DU MORBIHAN.

Par M. TASLÉ père

Conservateur des Musées de la Société polymathique du Morbihan.

Extrait du Bulletin de la Société polymathique du Morbihan, année 1864.

VANNES

IMPRIMERIE DE J.-M. GALLES, RUE DE LA PRÉFECTURE.

1864.

CATALOGUE

DES MOLLUSQUES

OBSERVÉS

DANS LE DÉPARTEMENT DU MORBIHAN.

A MESSIEURS LES MEMBRES DE LA SOCIÉTÉ POLYMATHIQUE

DU MORBIHAN.

Messieurs,

Vous avez naguère invité ceux de vos collègues qui s'occupent spécialement d'histoire naturelle à prendre de préférence pour but de leurs recherches et de leurs études les richesses si variées et si peu connues que possède notre département, soit en zoologie, soit en botanique, soit enfin en minéralogie et en géologie.

Vous avez pensé avec juste raison qu'un musée de province, pour atteindre un certain degré d'utilité scientifique, devait contenir avant tout et exposer aux yeux des visiteurs les produits naturels de la localité.

Cet appel a été entendu : plusieurs de nos collègues se sont mis résolument à l'œuvre. Les résultats de leurs laborieuses explorations vous sont déjà connus, ou vous seront bientôt révélés.

Je viens apporter un modeste contingent à leurs patientes investigations.

J'ai l'honneur de vous présenter le catalogue des mollusques observés jusqu'ici dans notre département. Je l'ai établi avec une scrupuleuse exactitude, et, malgré de nombreuses lacunes que des explorateurs plus jeunes et surtout plus habiles auront sans doute le bonheur de combler plus tard, il offrira, je l'espère, au point de vue de la distribution géographique des espèces, un certain mérite aux conchyliologistes.

Pour les mollusques qui m'ont semblé peu répandus, j'ai noté avec soin les localités où je les ai recueillis. Pour tous ceux qui m'ont été communiqués, j'ai nommé les collecteurs auxquels revient le mérite de la découverte.

Jadis M. le docteur Hémon, d'Auray, mort depuis plusieurs années, m'avait fait part du résultat de ses recherches sur la côte de Quibéron.

M. Bourguignat, dans un récent ouvrage intitulé : *Malacologie de la Bretagne*, a publié une liste sinon complète, du moins déjà très riche, des mollusques terrestres et fluviatiles de notre département.

Les RR. PP. Heude et Colombel ont fait, dans le golfe du Morbihan et aux environs de Vannes, des explorations heureuses qui sont venues accroître le nombre des espèces que nous connaissions déjà.

M. le docteur Fouquet, notre président, a eu l'obligeance de m'apporter en grand nombre des coquilles appartenant à la famille des unionidées, et récoltées dans le lit du canal de Nantes à Brest, près Saint-Congard.

Enfin, tout récemment, j'ai eu la bonne fortune d'entrer en relations avec M. Delaunay, greffier-comptable de la maison centrale de Belle-île-en-Mer, qui consacre tous ses loisirs à l'étude de la conchyliologie.

Collecteur infatigable, il a fait passer sous mes yeux toutes ses découvertes, et j'ai été très agréablement surpris du nombre considérable d'espèces recueillies par lui, soit à Houat, soit à Belle-île, et dont je ne soupçonnais pas l'existence sur nos côtes.

Aucun doute n'est du reste permis sur leur origine morbihannaise. Voici ce que m'écrivait M. Delaunay en me faisant un premier envoi : « Tous les échantillons que je vous communique appartiennent bien » au département, et je vous *affirme* une fois pour toutes que je vous » adresserai seulement ce dont je serai très sur comme provenance. »

M. Delaunay ne s'est pas borné à une simple communication : il m'a généreusement autorisé à retenir pour votre collection départementale toutes les espèces qui n'y figuraient pas encore, alors même qu'il n'en eût recueilli qu'un seul individu.

Je m'empresse de le répéter, mon catalogue est loin d'être complet ; M. Cailliaud, le savant directeur du musée d'histoire naturelle de Nantes, a fait, pour le département de la Loire-Inférieure, un travail semblable qui contient plus de 500 espèces, y compris, il est vrai, les échinodermes et les cirrhipèdes dont je ne me suis pas occupé. Nous ne connaissons encore que 327 espèces morbihannaises, savoir :

MOLLUSQUES CÉPHALÉS.

Marins,	111 espèces appartenant	à 52 genres.
Terrestres,	61 espèces	—	à 16 genres.
Fluviatiles,	22 espèces	—	à 5 genres.

MOLLUSQUES ACÉPHALÉS.

Marins,	116 espèces appartenant	à 46 genres.
Fluviatiles,	17 espèces	—	à 4 genres.

M. Bourguignat (*Malacologie de la Bretagne*, juin 1860), ne mentionne que 78 espèces morbihannaises : Terrestres, 48; fluviatiles, 30. On en connaît aujourd'hui 100, savoir : Terrestres, 61 ; fluviatiles 39.

Toutes ces espèces, sauf de rares exceptions, figurent dans l'une des vitrines de votre musée. Les échantillons, souvent uniques, recueillis par moi ou obtenus de la générosité de mes correspondants sont désormais votre propriété, et constituent la collection conchyliologique de notre département. J'ai pris au sérieux les paroles prononcées par notre président, le jour de son installation : *Tout par la Société; tout pour la Société.*

Je me fais un devoir d'exprimer ici à M. Cailliaud mes remerciements les plus sincères. C'est à son obligeance que je dois la détermination de certaines coquilles pour lesquelles les moyens d'étude me faisaient défaut. Si j'avais été privé de son concours et de ses conseils, il m'eût été impossible de mener à bien un travail dont je n'avais pas dans le principe entrevu les nombreuses et pour ainsi dire inextricables difficultés.

J'ai suivi dans la distribution méthodique des familles et des genres la classification adoptée par M. le docteur Chenu, le savant auteur du Manuel de Conchyliologie; j'ai admis dans une certaine mesure les genres nouveaux proposés par les auteurs modernes, et, autant que je l'ai pu, j'ai respecté pour les noms spécifiques les droits de l'antériorité.

J'ai renoncé à indiquer si telle ou telle espèce était rare ou commune : les côtes et l'intérieur du département n'ont pas été explorés avec assez de soin pour qu'il soit déjà possible de se prononcer, surtout pour certaines coquilles microscopiques qui auront facilement échappé aux recherches antérieures, même sur des points où elles peuvent être communes.

Vannes, Juin 1864.

TASLÉ père.

ABRÉVIATIONS.

NOMS DES AUTEURS CITÉS.

Ad.	Adams.	Lin.	Linné.
Blainv.	Blainville.	M. T.	Moquin-Tandon.
Bourg.	Bourguignat.	Mat.	Maton.
Brug.	Bruguière.	Mich.	Michaud.
Chemn.	Chemnitz.	Mont.	Montagu.
Cuv.	Cuvier.	Müll.	Müller.
D. C.	Da Costa.	Nils.	Nilsson.
Desh.	Deshayes.	Ol.	Olivi.
Desm.	Desmoulins.	Payr.	Payraudeau.
Don.	Donovan.	Penn.	Pennant.
Drap.	Draparnaud.	Poir.	Poiret.
Ency. méth.	Encyclopédie méthodique.	P. et M.	Potier et Michaud.
Fér.	De Férussac.	Pult.	Pulteney.
For.	Forbes.	Ris.	Risso.
F. et H.	Forbes et Hanley.	Recl.	Recluz.
Gm.	Gmelin.	Schum.	Schumacher.
Gron.	Gronovius.	Sow.	Sowerby.
Hartm.	Hartmann.	Spengl.	Spengler.
Jeffr.	Jeffreys.	Stud.	Studer.
John.	Johnston.	Turt.	Turton.
Lam.	Lamarck.	Ziegl.	Ziegler.

Nota. L'astérique précédant le nom d'une espèce indique que cette espèce n'existe pas dans la collection départementale de la Société.

1er SOUS-EMBRANCHEMENT.

MOLLUSQUES CÉPHALÉS.

Première Classe. — CÉPHALOPODES.

OCTOPUS *Lamarck.*

* O. vulgaris. Sepia octopus *Lin.* Octopus vulgaris *Lam.* — Hab. le littoral !

LOLIGO *Lamarck.*

* L. vulgaris. Sepia loligo *Lin.* Loligo vulgaris *Lam.* — Hab. le le littoral !

SEPIOLA *Leach.*

* S. Rondeletii. Sepia sepiola *Lin.* Loligo sepiola *Lam.* Sepiola Rondeletii *Gesner.* — Hab. golfe du Morbihan (le R. P. Colombel).

SEPIA *Linné.*

* S. officinalis *Lin.* — Hab. le littoral !

Deuxième Classe. — HETEROPODA.

JANTHINA *Bolten.*

J. communis *Lam.* Helix janthina *Lin.* Janthina fragilis *Ency. méth.* — Hab. le littoral ! Belle-île (M. Delaunay).

J. exigua *Lam.* — Hab. Belle-île (M. Delaunay).

Troisième Classe. — GASTEROPODA.

MUREX *Linné.*

M. erinaceus *Lin.*

Var. cinguliferus. M. Cinguliferus *Lam.* — Hab. le littoral !

Cette espèce cause souvent de grands dégâts dans les parcs d'huîtres dont elle perce la coquille et dévore le mollusque.

M. corallinus *Scacchi.* — Hab. le littoral !

TROPHON *Montfort.*

T. muricatus. Murex muricatus *Mont.*—Hab. Belle-île (M. Delaunay).

FUSUS *Bruguière.*

F. PROPINQUUS *Alder.* — Hab. Belle-île (M. Delaunay).

MANGELIA *Leach.*

M. RUFA. Murex rufus *Mont.*—Hab. la côte d'Arradon (le R. P. Heude).

M. LINEARIS. Murex linearis *Mont.* — Hab. Belle-île (M. Delaunay).

M. BERTRANDI. Pleurotoma Bertrandi *Payraud.* — Hab. Belle-île (M. Delaunay).

M. SEPTEMANGULARIS. Murex septemangularis *Mont.*—Hab. Belle-île (M. Delaunay).

M. PURPUREA. Murex purpureus *Mont.* Pleurotoma Philberti *Mich.* — Hab. Belle-île (M. Delaunay).

M. LÆVIGATA *Philippi.* — Hab. Belle-île (M. Delaunay).

M. CORDIERI. Pleurotoma Cordieri *Payr.*—Hab. Belle-île (M. Delaun.).

M. LEUFROYI. Pleurotoma Leufroyi *Mich.*—Hab. Belle-île (M. Delaun.).

LACHESIS *Risso.*

L. MINIMA. Buccinum minimum *Mont.* — Hab. le littoral !

TRITON *Lamarck.*

T. CUTACEUM. Murex cutaceus *Lin.* Triton cutaceum *Ency. méth.* — Hab. Quibéron, Belle-île.

BUCCINUM *Linné.*

B. UNDATUM *Lin.* — Hab. le littoral !

NASSA *Lamarck.*

N. INCRASSATA. Buccinum incrassatum *Müll.* B. Coccinella *Lam.* — Hab. le littoral !

N. CORNICULUM. Buccinum corniculum *Ol.* B. fasciolatum *Lam.* — Hab. Quibéron (indication peut-être erronée fournie par le docteur Hémon).

N. RETICULATA. Buccinum reticulatum *Lin.* — Hab. le littoral !

PURPURA *Bruguière.*

P. LAPILLUS. Buccinum lapillus *Lin.* — Hab. le littoral !

Var. imbricata. Purpura imbricata *Lam.* — Hab. le littoral !

MONOCEROS *amarck.*

M. CRASSILABRUM *Lam.* Buccinum unicorne *Brug.* — Hab. Belle-île (M. Delaunay).

MARGINELLA *Lamarck.*

M. LÆVIS. Cypræa voluta *Mont.* Voluta lævis *Don.* Marginella Donovani *Payr.* Erato lævis *Gray.* — Hab. Belle-île (M. Delaunay).

COLUMBELLA *Lamarck.*

C. MERCATORIA. Voluta mercatoria *Lin.* — Hab. Belle-île. (M. Delaun.).

CASSIS *Lamarck.*

C. SULCOSA. Buccinum sulcosum *Born.* Buccinum undulatum *Gm.* — Hab. Groix!

VELUTINA *Blainville.*

V. LÆVIGATA. Helix lævigata *Lin.* Velutina capuloidea *Blainv.* — Hab. Belle-île, Quibéron!

LAMELLARIA *Montagu.*

L. PERSPICUA. Helix perspicua *Lin.* — Hab. golfe du Morbihan (le R. P. Heude); Belle-île (M. Delaunay).

NATICA *Bruguière.*

N. CATENIFERA *Lam.* — Hab. Carnac! Quibéron! Belle-île.

N. VALENCIENNESII *Payr.* — Hab. Belle-île!

SCALARIA *Lamarck.*

S. CLATHRUS. Turbo clathrus *Lin.* Scalaria communis *Lam.* — Hab. le littoral!

S. TURTONIS RISSO. — Hab. le littoral!

S. PSEUDOSCALARIS. Turbo pseudoscalaris *Brocchi*; Scalaria lamellosa *Lam.* — Hab. Quibéron; Belle-île!

S. CLATHRATULA. Turbo clathratulus *Mat.* Scalaria pulchella *Bivon.* — Hab. Belle-île (M. Delaunay)!

CHEMNITZIA *D'Orbigny.*

C. ELEGANTISSIMA. Turbo elegantissimus *Mont.* — Hab. le littoral!

EULIMA *Risso.*

E. POLITA. Turbo Politus *Lin.* — Hab. Belle-île; Quibéron!

CHENOPUS *Philippi.*

C. PES-PELECANI. Strombus pes-pelecani *Lin.* Rostellaria pes-pelecani *Lam.* — Hab. Belle-île; Quibéron !

TRIVIA *Gray.*

T. EUROPÆA. Cypræa europæa *Mont.* C. coccinella *Lam.* — Hab. le littoral !

CERITHIUM *Bruguière.*

C. SCABRUM. Murex scaber *Ol.* Cerithium lima *Lam.* — Hab. le litt. !

LITTORINA *Férussac.*

L. LITTOREA. Turbo littoreus *Lin.* — Hab. le littoral !

L. RUDIS. Turbo rudis *Mat.* — Hab. le littoral !

L. TENEBROSA. Turbo tenebrosus *Montfort.* — Hab. golfe du Morb. !

L. PATULA *Jeffr.* — Hab. golfe du Morbihan !

L. SAXATILIS *John.* — Hab. marais salants !

L. CŒRULESCENS. Turbo cœrulescens *Lam.* — Hab. golfe du Morb. !

L. RETUSA. Turbo retusus *Lam.* — Hab. Belle-île; Quibéron !

L. NERITOIDES. Turbo neritoides *Lin.* — Hab. le littoral !

LACUNA *Turton.*

L. PALLIDULA. Turbo pallidulus *Mont.* — Hab. Quibéron; Belle-île.

L. VINCTA. Turbo vinctus *Mont.* — Var. Major *F. et H.* Belle-île (M. Delaunay). — Var. Quadrifasciata *F. et H.* Belle-île (M. Delaunay) !

L. PUTEOLUS *Turt.* — Hab. Belle-île (M. Delaunay).

RISSOA *De Fréminville.*

R. PARVA. Turbo parvus. *D. C.* — Hab. Saint-Gildas (le R. P. Heude).

R. LABIOSA. Turbo labiosus *Mont.* Rissoa grossa *Mich.* — Hab. golfe du Morbihan !

R. CINGILLUS. Turbo cingillus *Mont.* — Hab. golfe du Morbihan !

R. EXIGUA *Mich.* R. costata *Ad.* — Hab. Belle-île (M. Delaunay).

R. STRIATA. Turbo striatus *Mont.* Rissoa minutissima *Mich.* — Hab. Belle-île (M. Delaunay).

R. STRIATULA. Turbo striatulus *Mont.* — Hab. Belle-île (M. Delaunay).

R. MARGINATA *Mich.* — Hab. Belle-île (M. Delaunay).

R. SEMISTRIATA. Turbo semistriatus *Mont.* — Hab. Belle-île (M. Delaunay).

R. OBLONGA *Desmarets*. — Hab. Belle-île (M. Delaunay).

R. FULVA *F. et H.* — Hab. Belle-île (M. Delaunay).

R. LACTEA *Mich.* — Hab. Belle-île (M. Delaunay).

HYDROBIA *Hartmann*.

H. ULVÆ *Penn.* Cyclostoma anatinum *Drap.* Paludina muriatica *Lam.* — Hab. le littoral !

H. VENTROSA. Turbo ventrosus *Mont.* — Hab. les marais salants !

H. SUBUMBILICATA. Turbo subumbilicatus *Mont.* — Hab. les marais salants !

BYTHINIA *Stein*.

B. TENTACULATA. Helix tentaculata *Lin.* Paludina impura *Brard.* — Hab. les ruisseaux à Malestroit ! Carentoir ! Belle-île, Saint-Nicolas-du-Tertre !

TURRITELLA *Lamarck*.

T. UNGULINA. Turbo ungulinus *Lin.* Turritella cornea? *Lam.* — Hab. le littoral !

CALYPTRÆA *Lamarck*.

C. SINENSIS. Patella chinensis *Lin.* P. sinensis *Gm.* Calyptræa lævigata *Lam.* — Hab. le littoral !

PILEOPSIS *Lamarck*.

P. UNGARICA. Patella ungarica *Lin.* — Hab. Belle-île, Quibéron !

PHASIANELLA *Lamarck*.

P. PULLA. Turbo pullus *Lin.* — Hab. le littoral !

P. VIEUXII *Payr.* — Hab. Quibéron (le Dr Hémon).

MONODONTA *Lamarck*.

M. OSILIN *Desh.* Trochus lineatus *D. C.* — Hab. golfe du Morbihan !

Sous-genre CLANCULUS *Montfort*.

M. CORALLINA. Trochus corallinus *Lin.* — Hab. Quibéron.

M. JUSSIEUI. Trochus Jussieui *Payr.* — Hab. Quibéron (le Dr Hémon).

TROCHUS *Lin*.

Sous-genre ZIZYPHINUS *Gray*.

T. CONULUS *Lin.* Zizyphinus conulus *Gray.* — Hab. Golfe du Morb. !

T. ZIZYPHINUS *Lin.* Zizyphinus zizyphinus *Gray.* — Hab. Belle-île (M. Delaunay).

T. CONULOIDES *Lam.* Zizyphinus conuloides *Gray.* — Hab. golfe du Morbihan ! Belle-île.

T. CRENULATUS *Brocchi.* Zizyphinus crenulatus *Gray.* — Hab. Belle-île ! Quibéron.

T. PYRAMIDATUS *Lam.* Zizyphinus pyramidatus *Gray.* — Hab. golfe du Morbihan !

Sous-genre GIBBULA *Risso.*

T. MAGUS *Lin.* Gibbula magus *Risso.* — Hab. golfe du Morbihan !

T. CINERARIUS *in.* — Hab. golfe du Morbihan !

T. CINEREUS *D. C.* — Hab. golfe du Morbihan !

T. FUSCATUS *Gm.* T. umbilicaris *Born.* — Hab. Quibéron (le docteur Hémon). Cette espèce vit-elle réellement sur nos côtes ?

HALIOTIS *Linné.*

H. TUBERCULATA *Lin.* — Hab. le littoral !

FISSURELLA *Bruguière.*

F. GRÆCA. Patella græca *Lin.* — Hab. le littoral !

EMARGINULA *Lamarck.*

E. FISSURA. Patella fissura *Lin.* — Hab. le littoral !

E. RETICULATA. Patella reticulata *Chemn.* — Hab. Belle-île (M. Delaunay).

DENTALIUM *Linné.*

D. ENTALIS *Lin.* — Hab. le littoral !

D. DENTALIS *Lin.* — Hab. Quibéron !

D. NOVEM-COSTATUM *Lam.* — Hab. Quibéron.

PATELLA *Linné.*

P. VULGATA *Lin.* — Hab. le littoral !

P. ATHLETICA *Beau.* — Hab. île d'Houat (le R. P. Heude).

NACELLA *Schumacher.*

N. PELLUCIDA. Patella pellucida *Lin.* — Hab. le littoral !

N. VIRGINEA. Patella virginea *Müller.* Lottia pulchella *Forbes.* — Hab. Belle-île (M. Delaunay).

CHITON *Linné.*

C. FASCICULARIS *Lin.* — Hab. le littoral !

C. CAJETANUS *Poli.* — Hab. Quibéron !

C. CINEREUS *Lin.* — Hab. golfe du Morbihan !

TORNATELLA *Lamarck.*

T. TORNALIS. Voluta tornalis *Lin.* Tornatella fasciata *Lam.* — Hab. Belle-île ; Quibéron !

BULLA *Linné.*

B. LIGNARIA *Lin.* — Hab. Belle-île ; Quibéron !

B. CORNEA *Lam.* — Hab. le littoral !

B. AKERA *Gm.* B. fragilis *Lam.* — Hab. le littoral !

B. CRANCHII *Leach.* B. striata *Brown.* — Hab. Belle-île (M. Delaunay).

CYLICHNA *Loven.*

C. NITIDULA *Loven.* — Hab. île d'Houat (M. Delaunay).

BULLÆA *Lamarck.*

B. APERTA. Bulla aperta *Lin.* — Hab. Belle-île ; Quibéron !

APLYSIA *Linné.*

A. DEPILANS *Lin.* — Hab. golfe du Morbihan !

A. PUNCTATA *Cuv.* — Hab. golfe du Morbihan !

A. PLUMULA *Mont.* — Hab. golfe du Morbihan (le R. P. Heude).

OSCANIUS *Leach.*

O. MEMBRANACEUS *Mont.* — Hab. golfe du Morbihan !

DORIDÆ.

Nota. Je mentionne ici seulement pour mémoire deux espèces non déterminées recueillies dans le golfe du Morbihan par le R. P. Colombel. Elles appartiennent aux genres Doris *Lin.* et Onchidoris *Blainville.*

ÆOLIS *Cuvier.*

* Æ. CUVIERI *Lam.* — Hab. golfe du Morbihan. (le R. P. Colombel).

OLEACINA *Lolten.*

O. SUBCYLINDRICA. Helix subcylindrica *Lin.* H. lubrica *Müll.* — Hab. sous la mousse, les pierres !

Nota. M. Jeffr. (British conchology, 1862), pense que l'on a tort de rapporter cette espèce à l'Helix subcylindrica *Lin.*

ZONITES *Montfort.*

Z. FULVUS. Helix fulva *Müll.* — Hab. sous la mousse, les pierres. Kermadio (Pluneret) ! Beauregard (Saint-Avé) !

Z. NITIDUS. Helix nitida *Müll.* — Hab. les lieux couverts et humides !

Z. LUCIDUS. Helix lucida *Drap.* — Hab. les lieux couverts; Vannes (M. Bourguignat). Var. subglaber. Z. subglaber *Bourg.* — Hab. les jardins !

Z. CELLARIUS. Helix cellaria *Müll.* — Hab. les lieux couv.; les caves !

Z. ALLIARIUS. Helix alliaria *Müll.* — Hab. les bois, les ruines, tour d'Elven !

Z. NITIDULUS. Helix nitidula *Drap.* — Hab. les lieux ombragés, sous les feuilles, les pierres !

* Z. NITIDOSUS. Helix nitidosa *Fér.* Zonites purus *M. T.* — Hab. les bois : le Plessis-Ker, près Auray (M. Bourguignat).

Z. NITENS. Helix nitens *Gm.* — Hab. les bois : Conlo, près Vannes !

Z. RADIATULUS. Helix radiatula *Alder.* Zonites striatulus *M. T.* — Hab. les lieux ombragés, sous les pierres : Conlo et le Pargo, près Vannes !

Z. CRYSTALLINUS. Helix crystallina *Müll.* — Hab. sous les pierres : le Pargo, près Vannes !

VITRINA *Draparnaud.*

V. MAJOR. Helicolimax major *Fér.* Vitrina pellucida *Drap.* — Hab. sous la mousse, les feuilles : la tour d'Elven !

V. PELLUCIDA. Helix pellucida *Müll.* — Hab. sous la mousse, les pierres !

TESTACELLA *Cuvier.*

T. MAUGEI *Fér.* — Hab. les jardins : parc de Roguédas (Arradon) !

T. HALIOTIDEA *Drap.* — Hab. les jardins !

T. BISULCATA *Dupuy.* T. haliotidea Var. bisulcata *M. T.* — Hab. les jardins !

SUCCINEA *Draparnaud.*

S. PUTRIS. Helix putris *Lin.* — Succinea amphibia *Drap.* — Hab. le bord des eaux : Saint-Perreux !

S. PFEIFFERI *Rossmæssler.* S. amphibia var. *Drap.* — Hab. le bord des eaux !

S. ELEGANS *Ris.* — Hab. le bord des eaux : Vannes !

Nota. M. Jeffreys, loc. cit., réunit ces deux dernières espèces sous le nom de S. ELEGANS *R.*

BULIMUS *Scopoli.*

B. OBSCURUS. Helix obscura *Müll.* Bulimus hordeaceus *Brug.* — Hab. sous les pierres : Vannes ! Arradon !

PUPA *Draparnaud.*

P. UMBILICATA *Drap.* — Hab. sous la mousse, les pierres !

P. LOROISIANA *Bourg.* P. pygmæa *Drap.* : Varietas? — Hab. sur les troncs d'arbres, sous les pierres : Vannes !

VERTIGO *Müller.*

V. MUSCORUM. Pupa muscorum *Drap.* P. minutissima *Hartm.* — Hab. sous les pierres : Vannes ! Arradon !

BALIA *Prideaux.*

B. PERVERSA. Turbo perversus *Lin.* Pupa fragilis *Drap.* — Hab. sur le tronc et sous l'écorce des arbres !

CLAUSILIA *Draparnaud.*

C. NIGRICANS. Turbo nigricans. *Pultn.* C. rugosa *Jeffr.* — Hab. sur les vieux murs !

C. OBTUSA *C. Pfeiffer.* C. nigricans Var. obtusa *M.-T.* C. rugosa Var. *Jeffr.* — Hab. sur les vieux murs !

HELIX *Linné.*

H. ROTUNDATA *Müll.* — Hab. sous la mousse, les pierres !

H. QUIMPERIANA *Fér.* — Hab. les ruines, sous les pierres : tour d'Elven ! Lanvaux !

H. LAPICIDA *Lin.* — Hab. les ruines, sous les pierres : tour d'Elven ! Le Faouët.

H. PULCHELLA *Müll.* H. pulchella Var. lævigata *M.-T.* — Hab. sous les pierres !

H. COSTATA *Müll.* H. pulchella Var. costata *M.-T.* — Hab. sous les pierres : Vannes ! Arradon !

H. NEMORALIS *Lin.* — Hab. les jardins, les bois, les haies !

H. HORTENSIS *Müll.* H. nemoralis Var. hortensis *Jeffr.* — Hab. les bois : Conlo, près Vannes ! tour d'Elven ! Auray, etc.

H. ASPERSA *Müll.* — Hab. les lieux cultivés !

H. ACULEATA *Müll.* — Hab. les lieux ombragés, sous les pierres : Bois de Conlo, près Vannes !

H. CARTHUSIANA *Müll.* H. carthusianella *Drap.* — Hab. les buissons :

Vannes ! La Roche-Bernard ! Var. minor. H. rufilabris *Jeffr.* (olim).— Hab. les pelouses sèches : Vannes !

* H. SERICEA *Müll.* — Hab. sous les pierres : La Roche-Bernard (M. Bourguignat).

H. OCCIDENTALIS *Recl.* H. revelata *Mich.* — Hab. sous les pierres, sous l'herbe des dunes !

Nota. M. Jeffreys (loco cit.) restitue à cette espèce le nom antérieurement imposé par Michaud.

* H. PTILOTA *Bourg.* Malacologie de la Bretagne. — Hab. sous les feuilles et la mousse des talus : route de Vannes à Auray (M. Bourguignat).

H. HISPIDA *Lin.* — Hab. les jardins, les courtils !

H. INTERSECTA *Poir.* H. striata Var. B. *Drap.* — Hab. les vieux murs, les pelouses, les dunes !

H. ERICETORUM *Müll.* — Hab. les dunes, sur les plantes !

H. ARENOSA *Ziegl.* (Bourguignat, loco cit.) H. ericetorum Var. minor Baudon in litt. — Hab. les dunes, sur les plantes ! (Espèce vivement contestée).

H. CESPITUM *Drap.* — Hab. les plantes des dunes : presqu'île de Rhuys ! Locmariaquer.

* H. SPHÆRITA *Hartm.* — Hab. les plantes des dunes : Locmariaquer (M. Bourguignat).

H. PISANA *Müll.* — Hab. les jardins, les dunes ! Var. Alba : dunes de Quibéron !

H. VARIABILIS *Drap.* — Hab. les pelouses de la région maritime !

H. SUBMARITIMA *Des M.* H. variabilis Var. *M.-T.* — Hab. les pelouses de la région maritime !

H. LINEATA *Ol.* H. maritima *Drap.* — Hab. les pelouses, les dunes !

Nota. M. Jeffreys (loco cit.), réunit ces deux dernières espèces sous le nom de Helix virgata *D. C.*

H. ACUTA *Müll.* — Bulimus acutus *Brug.* — Hab. les plantes des dunes, dans la région maritime !

LIMAX *Linné.*

* L. GAGATES *Drap.* — Hab. les jardins de la région maritime !

* L. SOWERBYI *Fér.* — Hab. les jardins : Vannes !

Nota. M. Jeffreys (loco cit.) affirme l'identité de cette espèce et du Limax marginatus *Müll.*

* L. AGRESTIS *Lin.* — Hab. les lieux cultivés ! Var. sylvaticus *M.-T.* L. sylvaticus *Drap.* — Hab. les bois, les chantiers !

* L. FLAVUS *Lin.* L. variegatus *Drap.* — Hab. les caves, les serres, le pied des murs!

* L. MAXIMUS *Lin.* L. cinereus *Müll.* — Hab. les jardins, les courtils!

ARION *Férussac.*

* A. RUFUS. Limax rufus *Lin.* Arion empiricorum *Fér.* — Hab. les lieux cultivés et frais, le bord des eaux!

Cette espèce présente de nombreuses variétés de coloration. L'une d'elles a reçu de Linné le nom de Limax ater; une seconde a été distinguée comme espèce par Müller qui l'a nommée Limax succineus.

* A FUSCUS. Limax fuscus *Müll.* Arion hortensis *Fér.* — Hab. les lieux cultivés!

ALEXIA *Leach.*

A. DENTICULATA. Voluta denticulata *Mont.* Auricula personata *Pot. et Mich.* — Hab. le bord des bras de mer, sous les herbes, les pierres: Vannes!

A. MYOSOTIS? Auricula myosotis *Drap.*? — Hab. le bord des bras de mer, sous les herbes, les pierres : La Chênaie, près Vannes. (Espèce très voisine de la précédente, mais beaucoup plus grande).

CARYCHIUM *Müller.*

C. MINIMUM *Müll.* Auricula minima *Drap.* — Hab. les lieux humides: Keravélo (Arradon) (le R. P. Heude); le Pargo, près Vannes!

LEUCONIA *Gray.*

L. BIDENTATA. Voluta bidentata *Mont.* Melampus bidentatus *Jeffr. mss.* — Hab. le littoral, sous les pierres : Penboch (le R. P. Heude); Belle-île!

LYMNÆA *Moquin-Tandon.*

L. CANALIS *Villa.* L. auricularia Var. canalis *M.-T.* — Hab. les étangs : Vivier du Grasdor, près Vannes!

L. LIMOSA, Helix limosa *Lin.* Lymnæa ovata *Lam.* — Hab. les ruisseaux, les mares, les fontaines! (Espèce polymorphe, et dont une variété intéressante a été recueillie à Belle-île par M. Delaunay.)

L. INTERMEDIA *Fér.* L. limosa Var. intermedia *M.-T.* — Hab. les petits ruisseaux : Vannes!

L. PEREGRA. Buccinum peregrum *Müll.* Lymnæa peregra *Lam.* — Hab. les mares : Quibéron! Plœmeur.

M. Jeffreys (loc. cit.) réunit ces trois dernières espèces sous le nom de L. peregra.

L. STAGNALIS. Helix stagnalis *Lin.* — Hab. les rivières : bords de l'Oust à Saint-Perreux! Étang au Duc, près Ploërmel?

L. TRUNCATULA. Buccinum truncatulum *Müll.* Limnæus minutus *Drap.* — Hab. les petits ruisseaux !

L. PALUSTRIS. Buccinum palustre *Müll.* — Hab. les ruisseaux, les mares !

L. GLABRA. Buccinum glabrum *Müll.* Bulimus leucostoma *Poir.* — Hab. les ruisseaux, les mares : Vannes !

Sous-genre AMPHIPEPLEA *Nilsson.*

L. GLUTINOSA. Buccinum glutinosum *Müll.* Amphipeplea glutinosa *Nils.* — Hab. les ruisseaux : ruisseau du moulin de Rohan (le R. P. Heude).

PHYSA *Draparnaud.*

P. FONTINALIS. Bulla fontinalis *Lin.* — Hab. les ruisseaux ! Var. inflata *M.-T.* — Hab. ruisseau du moulin de Rohan, près Vannes !

P. TASLEI *Bourg.* P. fontinalis Var. oblonga *Jeffr.* (loc. cit.) — Hab. les ruisseaux : Vannes !

PLANORBIS *Guettard.*

P. NITIDUS *Müll.* — Hab. les viviers !

P. NAUTILEUS. Turbo nautileus *Lin.* — Hab. les viviers, sur les potamogeton : Cantizac, près Vannes !

P. ALBUS. *Müll.* P. hispidus *Drap.* — Hab. les ruisseaux, les viviers !

P. ROTUNDATUS *Poir.* P. leucostoma *Millet.* P. vortex Var. B. *Drap.* — Hab. les mares !

P. COMPLANATUS. Helix complanata *Lin.* — Hab. les ruisseaux, les étangs : Carentoir ! Saint-Perreux !

P. CORNEUS. Helix cornea *Lin.* — Hab. les rivières : l'Oust à Saint-Perreux !

M. Bourguignat, sur une fausse indication fournie par moi, a inscrit dans sa Malacologie de la Bretagne, comme espèces morbihannaises, le Planorbis vortex *Müll.* et le P. carinatus *Müll.* Ces deux coquilles ne paraissent pas avoir été encore observées dans notre département.

ANCYLUS *Geoffroy.*

A. FLUVIATILIS *Müll.* — Hab. les ruisseaux, sur les pierres !

* Var. costata *Bourg.* A. costatus *Fér.* — Hab. petit cours d'eau près le bourg d'Arradon (M. Bourguignat).

Var. capuliformis *M.-T.* A. Janii *Bourg.* — Hab. les ruisseaux !

A. STRICTUS *Morelet.* A. fluviatilis Var. strictus *M.-T.* — Hab. les étangs : Etang au Duc, près Vannes !

A. LACUSTRIS. Patella lacustris *Lin.* — Hab. les ruisseaux, sur les tiges des plantes aquatiques : Lanoë, près Vannes!

CYCLOSTOMA *Draparnaud.*

C. ELEGANS. Nerita elegans *Müll.* — Hab. les vieux murs, les pelouses : Arradon! Auray; Belle-île.

2e SOUS-EMBRANCHEMENT.

MOLLUSQUES ACÉPHALÉS.

PHOLAS *Linné.*

P. DACTYLUS *Lin.* — Hab. le littoral!
Var. brevior *Lam.* — Hab. Quibéron (Le Dr Hémon).
P. PARVA *Lin.* Ph. dactyloides *Lam.* P. dactylus Var. *Desh.* — Hab. Quibéron!
P. CANDIDA *Lin.* — Hab. le littoral!

TEREDO *Linné.*

T. NANA *Turt.* — Hab. le littoral!
T. NORWEGICA *Spengl.* — Hab. le port de Lorient.
T. NAVALIS *Lin.* — Hab. le littoral!

GASTROCHÆNA *Spengler.*

G. DUBIA. Mya dubia *Penn.* G. modiolina *Lam.* — Hab. le littoral!

SOLEN *Linné.*

S. VAGINA *Lin.* — Hab. le littoral!
S. SILIQUA *Lin.* — Hab. le littoral!
S. ENSIS *Lin.* — Hab. le littoral!
S. PELLUCIDUS *Penn.* S. minutus *Mont.* S. pygmæus *Lam.* — Hab. Quibéron (le Dr Hémon).

PHARUS *Leach.*

P. LEGUMEN. Solen legumen *Lin.* Solecurtus legumen *Blainv.* — Hab. Belle-île; Quibéron!

SOLECURTUS *Blainville.*

S. COARCTATUS. Solen coarctatus *Gm.* Solen antiquatus *Mont.* — Hab. Belle-île; Quibéron!

SAXICAVA. *Fleuriau de Bellevue.*

S. RUGOSA. Mytilus rugosus *Lin.* — Hab. le littoral!

S. ARCTICA *Philippi.* S. rugosa (junior) *Jeffr.* — Hab. golfe du Morbihan.

MYA *Linné.*

M. ARENARIA *Lin.* — Hab. golfe du Morbihan!

M. TRUNCATA *Lin.* — Hab. Quibéron (le Dr Hémon).

CORBULA *Bruguière.*

C. INÆQUIVALVIS. Mya inæquivalvis *Mont.* Corbula nucleus *Lam.* — Hab. Quibéron (le Dr Hémon).

LYONSIA *Turton.*

L. NORWEGICA. Mya norwegica *Chem.* Amphidesma corbuloides *Lam.* — Hab. Belle-île! Quibéron!

THRACIA *Leach.*

T. PUBESCENS. Mya pubescens *Penn.* Anatina myalis *Lam.* — Hab. baie de Quibéron!

T. DISTORTA Mya distorta *Mont.* Thracia corbuloides *Desh.* — Hab. baie de Quibéron!

T. PHASEOLINA. Amphidesma phaseolina *Lam.* Tellina papyracea *Poli.* — Hab. Belle-île; Quibéron!

RUPICOLA *Fleuriau de Bellevue.*

R. CONCENTRICA *Fl. de Bellevue.* Anatina rupicola *Lam.* Corbula rupicola *Desh.* — Hab. les côtes de Pénestin!

R. DISTORTA. Anatina distorta *Turt.* — Hab. les côtes de Pénestin!

Cette espèce n'est-elle pas la même que le *thracia distorta*, jeune âge?

PANDORA *Bruguière.*

P. INÆQUIVALVIS. Tellina inæquivalvis *Lin.* Pandora rostrata *Lam.* — Hab. Belle-île; Quibéron!

MACTRA *Linné.*

M. GLAUCA Born. M. helvacea *Chemn.* — Hab. baie de Quibéron!

M. STUL TORUM *in.* — Hab. le littoral!

M. SOLIDA *Lin.* — Hab. Carnac; Quibéron!

M. SUBTRUNCATA. Trigonella subtruncata *D. C.* Mactra deltoides *Lam* — Hab. Quibéron!

LUTRARIA *Lamarck.*

L. ELLIPTICA *Lam.* — Hab. Belle-île; Houat; Quibéron!

L. OBLONGA. Mya oblonga *Chemn.*; Mactra hians *Pult.*; Lutraria solenoides *Lam.* — Hab. le littoral!

PSAMMOBIA *Lamarck.*

P. FERROENSIS. Tellina ferroensis *Chemn.* P. ferroensis *Lam.* — Hab. golfe du Morbihan!

P. TELLINELLA *Lam.* — Hab. Belle-île; Quibéron!

P. VESPERTINA. Lux vespertina *Chemn.* — Hab. le littoral!

TELLINA *Linné.*

T. CRASSA. Venus crassa *Lin.* — Hab. Belle-île; Quibéron!

T. DEPRESSA *Don.* T. squalida *Pult.* — Hab. le littoral!

T. DONACINA *Lin.* — Hab. le littoral!

T. FABULA *Gron.* — Hab. le littoral!

T. RADIATA *Lin.* — Hab. Belle-île (M. Delaunay).

M. Cailliaud n'admet pas que cette espèce puisse être indigène. M. Delaunay, de son côté, affirme qu'il en a été trouvé déjà plus de six individus sur les côtes de Belle-île. Ceux que j'ai vus avaient tous des dimensions très réduites.

L'échantillon que je dois à l'obligeance de M. Delaunay est petit, mais parfaitement caractérisé. Sa hauteur est de 0^{m} 009, et sa largeur de 0^{m} 020.

T. SERRATA *Brocchi.* T. sulcata *Wood.* — Hab. Belle-île (M. Delaunay).

T. BALTHICA *Lin.* T. solidula *Pult.* — Hab. le littoral!

T. TENUIS *D. C.* — Hab. le littoral!

GASTRANA *Schumacher.*

G. FRAGILIS. Tellina fragilis *Lin.* Petricola ochroleuca *Lam.* — Hab. le littoral!

STRIGILLA *Turton.*

S. CARNARIA. Tellina carnaria *Lin.* Lucina carnaria *Lam.* — Hab. île d'Houat (M. Delaunay)! Quibéron (le Dr Hémon).

DONAX *Linné.*

D. VITTATUS. Cuneus vittatus *D. C.* D. vittata! *Lam.* — Hab. Belle-île; Quibéron!

D. TRUNCULUS *Lin.* D. anatinum *Lam.* — Hab. le littoral!

D. POLITUS. Tellina Polita *Poli*, capsa complanata *Sow.* D. complanata *Desh.* — Hab. Belle-île; Quibéron!

SCROBICULARIA *Schumacher.*

S. PIPERATA. Mactra piperata *Lin.* Trigonella plana *D. C.* Mactra compressa *Pult.* Lavigno calcinella *Recl.* L. planus *Don.* Lutraria piperata et L. compressa *Lam.* — Hab. le littoral!

S. ALBA. Mactra alba *Wood.* Amphidesma Boysii *Lam.* Syndosmya alba *Recl.* — Hab. le littoral!

S. SEGMENTUM. Syndosmya segmentum *Recl.* Mactra tenuis? *Mont.* — Hab. les marais salants!

S. TRIANGULARIS. Syndosmya triangularis *Recl.* — Hab. les marais salants!

S. PRISMATICA. Ligula prismatica *Mont.* Syndosmya prismatica *F.* et *H.* — Hab. Belle-île (M. Delaunay)!

AMPHIDESMA *Lamarck.*

A. CASTANEA. Donax castanea *Mont.* A. donacilla *Lam.* — Hab. le littoral!

M. Jeffreys place les genres Scrobicularia et Amphidesma dans la famille des Mactridæ.

VENUS *Linné.*

V. CASINA *Lin.* — Hab. Belle-île; Quibéron!

V. CHIONE *Lin.* Cytherea chione *Lam.* — Hab. le littoral!

V. FASCIATA. Pectunculus fasciatus *D. C.* V. Brongniarti *Payr.* — Hab. Belle-île; Quibéron!

V. GALLINA *Lin.* — Hab. le littoral!

V. OVATA *Penn.* V. pectinula *Lam.* — Hab. Quibéron (le Dr Hémon).

V. VERRUCOSA *Lin.* — Habit. le littoral!

ARTEMIS *Poli.*

A. EXOLETA. Venus exoleta *Lin.* Cytherea exoleta *Lam.* — Hab. le littoral!

A. LINCTA. Venus lincta *Pult.* Cytherea lincta *Lam.* — Hab. Belle-île; Quibéron!

TAPES *Mühlfeldt.*

T. AUREUS. Venus aurea *Gm.* — Hab. le littoral!

Var. bicolor. — Hab. le golfe du Morbihan!

T. FLORIDUS. Venus florida *Lam.* — Hab. Quibéron. (Le Dr Hémon).

Var. bicolor. Venus bicolor *Lam.* — Habit. Quibéron?

Cette espèce et sa variété appartiennent-elles réellement au littoral morbihannais?

T. DECUSSATUS. Venus decussata *Lin.* — Hab. le littoral!

T. GEOGRAPHICUS. Venus geographica *Chemn.* T. decussatus Var. *Jeffr.* — Hab. Pénestin; Quibéron!

T. PERFORANS. Venus perforans *Mont.* Venerupis perforans *Lam.* Tapes pullastra Var. perforans *Jeffr.* — Hab. Belle-île; Pénestin!

T. PULLASTRA. Venus pullastra *Mont.* — Hab. le littoral!

T. VIRGINEUS. Venus virginea *Lin.* — Hab. Belle-île; Quibéron!

VENERUPIS *Lamarck.*

V. IRUS. Donax irus *Lin.* — Hab. le littoral!

PETRICOLA *Lamarck.*

P. SEMI-LAMELLATA *Lam.* — Hab. Quibéron (le Dr Hémon).

P. STRIATA *Lam.* — Hab. le littoral!

CYPRINA *Lamarck.*

C. ISLANDICA. Venus islandica *Lin.* — Hab. le golfe du Morbihan!

SPHÆRIUM *Scopoli.*

S. CORNEUM. Tellina cornea *Lin.* Cyclas cornea *Lam.* — Hab. les ruisseaux; les mares!

Var. B. major. — Hab. les mares, Vannes!

Var. V. rivalis. Tellina rivalis *Müll.* Sphærium rivale *Bourg.* — Hab. les ruisseaux!

Var. P. nucleus. Cyclas nucleus *Stud.* — Hab. les mares : Plœmeur (le Dr Fouquet).

S. LACUSTRE. Tellina lacustris *Müll.* Cyclas caliculata *Drap.* — Hab. les mares : environs de Vannes!

S. TERVERIANUM. Cyclas Terveriana *Dupuy*; C. Rickholtii Var. Terveriana *M.-T.* — Hab. les ruisseaux : Trussac, près Vannes!

PISIDIUM *C. Pfeiffer.*

P. AMNICUM. Tellina amnica *Müll.* Cyclas obliqua *Lam.* — Hab. les ruisseaux : Vannes!

P. CASERTANUM. Cardium casertanum *Poli.* — Hab. les ruisseaux : Le Pargo, près Vannes!

P. pusillum. Tellina pusilla *Gm.* Cyclas fontinalis *Drap.* — Hab. les ruisseaux!

M. Cailliaud rapporte au genre Pisidium, sous le nom de P. casertanum Var. minor *Baudon*, une petite coquille bivalve recueillie par le R. P. Heude dans le golfe du Morbihan, où elle vit en société, sous les pierres, à 2 mètres environ de profondeur au-dessous du niveau de la pleine mer.

La taille de cette coquille (un millimètre à peine de hauteur) rend l'étude de sa charnière impossible pour mes yeux affaiblis. Je crois cependant que sa station et ses autres caractères la rapprochent du genre Cardium. — A rechercher et à étudier de nouveau. Les pisidies vivent dans l'eau douce.

Cardium *Linné.*

C. aculeatum *Lin.* — Hab. la baie de Quibéron!

C. ciliare *Gm.* C. aculeatum (junior) *Desh.* — Hab. la baie de Quibéron!

C. tuberculatum *Lin.* — Hab. le littoral!

C. echinatum *Lin.* C. tuberculatum Var. *Desh.* — Hab. le littoral!

C. exiguum *Gm.* C. pygmæum *Don.* C. subangulatum *Scacchi.* — Hab. le golfe du Morbihan (le R. P. Heude).

C. nodosum *Turt.* — Hab. le golfe du Morbihan (le R. P. Heude).

C. edule *Lin.* — Hab. le littoral!

C. rusticum *Chemn.* C. edule Var. rustica *Desh.* — Hab. le littoral!

C. crenulatum *Lam.* C. edule Var. crenulata *Desh.* — Hab. le littoral!

Il deviendra nécessaire d'adopter l'opinion de M. Deshayes sur ces deux dernières espèces, et de les réunir, comme variétés, au Cardium edule *Linné.*

C. norwegicum *Spengl.* C. serratum? *Lin.* C. lævigatum *Lam.* — Hab. le littoral!

Lucina *Bruguière.*

L. spinifera. Venus spinifera *Mont.* — Hab. Quibéron!

L. lactea. Tellina lactea *Lin.* Lucina lactea *Lam.* Amphidesma lactea *Lam.* Loripes lacteus *Poli.* — Hab. le littoral!

L. divaricata. Tellina divaricata *Lin.* Loripes divaricatus *Jeffr.* — Hab. Belle-île; Carnac!

Diplodonta *Brown.*

D. rotundata. Tellina rotundata *Mont.* Lucina undata? *Lam.* — Hab. Belle-île; Quibéron!

Kellia *Turton.*

K. Cailliaudii *Recl.* K. suborbicularis Var. *Jeffr.* (mss.) — Hab. Pénestin!

UNIO *Philippsson.*

U. RHOMBOIDEUS. Mya rhomboidea *Schroter*. Unio littoralis *Cuv.* — Hab. les rivières !

U. CRASSUS *Philippsson.* — Hab. la rivière d'Oust (le Dr Fouquet).

U. REQUIENII *Mich.* — Hab. la rivière d'Oust (le Dr Fouquet).

U. PICTORUM. Mya pictorum *Lin.* — Hab. la rivière du Blavet.

U. MARGARITIFER Mya margaritifera *Lin.* Margaritana margaritifera *Schum.* — Hab. les ruisseaux tributaires du Blavet.

ANODONTA *Lamarck.*

A. CYGNEA. Mytilus cygneus *Lin.* — Hab. l'étang de Penmur, près Muzillac !

A. VENTRICOSA *C. Pfeiffer.* A. cygnea Var. ventricosa *M.-T.* — Hab. le vivier de Keralio, près Muzillac !

A. ARENARIA. Mya arenaria *Schröter.* Mytilus zellensis *Gm.* A. cygnea *Drap.* A. sulcata *Lam.* A. cygnea Var. cellensis *M.-T.* — Hab. les mares, près Malestroit (M. Bourguignat).

A. ANATINA. Mytilus anatinus *Lin.* — Hab. la rivière d'Oust !

A. VARIABILIS *M.-T.* A. variabilis et anatina *Drap.* — Hab. la rivière d'Oust, à Saint-Congard (le Dr Fouquet).

A. ROSSMÆSSLERIANA *Dupuy.* Anodonta avonensis Var. *M.-T.* — Hab. les viviers, près Erdeven (le Dr Hémon).

MYTILUS *Linné.*

M. EDULIS *Lin.* — Hab. le littoral !

Var. pellucidus. M. pellucidus *Mat.* — Hab. le littoral !

M. INCURVATUS *Mat.* M. ungulatus? *Don.* — Hab. le littoral !

M. GALLOPROVINCIALIS *Lam.* — Hab. Quibéron !

M. MINIMUS *Poli.* — Hab. le littoral !

(M. Jeffreys réunit toutes ces espèces sous le nom de M. edulis *Lin.*)

MODIOLA *Lamarck.*

M. ADRIATICA *Lam.* — Hab. le littoral !

Var. ovalis *Jeffr.* M. ovalis *Sow.* — Hab. Quibéron !

M. BARBATA. Mytilus barbatus *Lin.* — Hab. le littoral !

MODIOLARIA *Beck.*

M. MARMORATA. Mytilus marmoratus *Forb.* — Hab. le golfe du Morb. !

M. COSTULATA *Ris.* — Hab. Quibéron (le Dr Hémon).

AVICULA *Klein.*

A. HIRUNDO. Mytilus hirundo *Lin.* — Hab. Belle-île (M. Delaunay).

PINNA *Lister.*

P. RUDIS *Lin.* P. pectinata *Lam.* P. muricata *Don.* — Hab. Belle-île ; Quibéron !

ARCA *Linné.*

A. NOÆ *Lin.* — Hab. Quibéron (le Dr Hémon).

A. LACTEA *Lin.* A. Quoyi *Payr.* — Hab. le golfe du Morbihan !

A. GAIMARDI *Payr.* A lactea Var. *Jeffr.* — Hab. Quibéron (le Dr Hémon).

A. BARBATA *Lin.* — Hab. baie de Quibéron ! Belle-île !

PECTUNCULUS *Lamarck.*

P. GLYCYMERIS. Arca glycymeris *Lin.* — Hab. la baie de Quibéron !

NUCULA *Lamarck.*

N. NUCLEUS. Arca nucleus *Lin.* N. margaritacea *Lam.* — Hab. le littoral !

PECTEN *Pliny.*

P. VARIUS. Ostrea varia *Lin.* — Hab. le littoral !

P. OPERCULARIS. Ostrea opercularis *Lin.* — Hab. le littoral !

P. TIGRINUS *Müll.* — Hab. Belle-île (M. Delaunay).

P. MAXIMUS. Ostrea maxima *Lin.* Vola maxima *Klein.* — Hab. le littoral !

HINNITES *Defrance.*

H. SINUOSUS. Ostrea sinuosa *Gm.* Pecten sinuosus *Lam.* P. pusio *Jeffr.* — Hab. Belle-île; Quibéron !

LIMA *Bruguière.*

L. HIANS. Ostrea hians *Gm.* — Hab. Belle-île (M. Delaunay).

ANOMIA *Linné.*

A. EPHIPIUM *Lin.* — Hab. le littoral !

A. FORNICATA *Lam.* — Hab. Quibéron !

A. SQUAMULA *Lam.* — Hab. Pénestin !

Ces deux dernières espèces ne sont peut-être que des modifications de la première.

OSTREA *Linné.*

O EDULIS *Lin.* — Hab. le littoral !

O. HIPPOPUS *Lam.* O edulis Var. hippopus *Jeffr.* — Hab. la baie de Quibéron !

ARGIOPE *Deslongchamps.*

A. TRUNCATA. — Anomia truncata *Gm.* Terebratula truncata *Lam.* — Hab. Groix !

SUPPLÉMENT.

CORRECTIONS ET ADDITIONS.

Extrait du Bulletin de la Société polymathique, année 1864.

Depuis la publication du catalogue des mollusques de notre département, grâce au concours de mes correspondants, j'ai pu réunir de nouveaux matériaux et rectifier aussi de nombreuses erreurs.

M. l'abbé Bara, qui a longtemps exploré les côtes de Gâvre et de Plœmeur, m'a fourni des indications précieuses. Je lui dois la connaissance d'un catalogue manuscrit rédigé par M. Gand, ancien officier de marine à Lorient, mais dont la collection conchyliologique, que j'aurais été heureux de consulter, a été dispersée après sa mort.

M. Gand avait visité maintes fois le littoral des environs de Lorient, soit seul, soit en compagnie de M. Preux, alors capitaine des douanes au Port-Louis. Ce dernier, collecteur passionné, se procurait auprès des pêcheurs du pays tous les mollusques qui tombaient dans leurs dragues ou dans leurs filets. Il les soumettait à M. Gand, chargé de les déterminer, tâche difficile, car celui-ci n'avait pas de fortune, et sa bibliothèque se réduisait pour ainsi dire à l'ouvrage de Lamarck sur les animaux sans vertèbres.

Cette indigence de moyens d'étude, dont nous souffrons tous en province, et dont on ne nous tient pas toujours compte à Paris, a souvent entraîné M. Gand dans des erreurs de déterminations que commet fréquemment celui-là même qui dispose d'une riche bibliothèque et de nombreux sujets de comparaison.

J'avais eu l'espoir de retrouver au Port-Louis une partie de la collection formée par M. Preux, chez lequel j'avais vu jadis le *Cassis sulcosa* avec son animal vivant. Celle-ci encore avait été vendue, et Mme veuve Thépault, sa fille, n'en avait conservé que de rares débris dont elle a bien voulu disposer en ma faveur. J'ai pu ainsi constater la présence sur nos côtes des espèces suivantes : *Cassidaria rugosa*, *Aplysia fasciata*.

8
64

Nos maîtres et nos guides en conchyliologie, MM. Crosse, Petit de la Saussaye et Recluz, m'ont reproché, dans les termes les plus courtois et les plus bienveillants, ma trop grande facilité à admettre comme indigènes des espèces propres à la Méditerrannée (*Nassa corniculum; Phasianella Vieuxii; Monodonta corallina, Jussieui, Vieilloti; Trochus fuscatus)*; ou aux Antilles *(Columbella mercatoria; Tellina radiata)*; ou enfin à l'Océan pacifique (*Monoceros crassilabrum*). Voici ma réponse :

Pour les espèces méditerranéennes, leur existence sur nos côtes m'avait été affirmée par M. le docteur Hémon; je les ai trouvées en outre toutes inscrites dans le catalogue de M. Gand, mais je dois ajouter qu'elles ont échappé jusqu'ici à mes recherches.

Quant aux espèces des Antilles et du Chili trouvées à Belle-île, M. Delaunay me répétait encore tout récemment qu'il avait été recueilli dans cette île quatre individus *vivants* du *Monoceros crassilabrum* et six au moins également *vivants* du *Tellina radiata*. Et pour éviter toute supposition d'erreur dans la détermination de ces espèces, je les ai communiquées à M. Recluz. Ce savant m'apprend qu'il a reçu de Cherbourg et de Granville le *Tellina radiata*. Les individus trouvés à Belle-île ont des dimensions très réduites : largeur 20 millim. à peine. Ceux de la Manche sont trois fois plus grands.

Je n'ai pas la même confiance dans l'origine morbihannaise du *Columbella mercatoria*, dont M. Delaunay n'a trouvé qu'un échantillon non adulte, mort, il est vrai, mais parfaitement frais et non roulé.

L'acclimation, sur les côtes de France, d'espèces exotiques est un fait acquis à la science. On a recueilli vivants sur le littoral de la Manche le *Natica uber* Val. des côtes du Pérou et de Cumana, et l'*Ervilia nitens* Turton, originaire des Antilles. Cette dernière espèce n'est peut-être pas étrangère au Morbihan.

M. Recluz, dont l'autorité est incontestable et qui a fait une étude spéciale des mollusques marins de la France, a relevé dans mon premier travail de nombreuses erreurs de détermination. Sans adopter d'une manière absolue toutes les rectifications qu'il m'a signalées (1), j'ai dû néanmoins les mentionner en tête de ce supplément, en faisant précéder chacune d'elles d'une astérisque (*).

J'ajoute à la fin de ce travail la liste des espèces signalées dans le travail de M. Gand et que je n'ai pas encore rencontrées sur nos côtes.

Dans la première partie, j'ai omis de dire que, pour toutes les espèces recueillies par moi, l'habitat indiqué est suivi d'un point d'affirmation (!).

TASLÉ père.

(1) Je ne vois pas bien la nécessité, par exemple, dans un modeste inventaire, de substituer le vocable de *Littorina nigro-lineata* Gray à celui de *L. littorea*, *Turbo littoreus* Lin. qui a pu dans le principe être attribué à tort à une espèce de nos côtes, mais qui est aujourd'hui généralement adopté.

RECTIFICATIONS.

Supprimer :	*Remplacer par :*
· Janthina communis	Janthina Costæ *Moerch*. Var. conica. J. bicolor *D. C.* J. fragilis *Cuv.*
· Janthina exigua *Lam.* (exotique)	Janthina nitens *Menke*. Helix janthina *Lin.* J. prolongata *Payr.*
· Murex erinaceus. Var. cinguliferus.	M. Erinaceus. Var. minor.
· Mangelia Bertrandi	M. attenuata. Murex attenuatus *Mont.* Murex aciculatus *Lam.* Pleurotoma Villiersii *Mich.*
· Mangelia Cordieri	M. reticulata. Murex reticulatus *Br.*
· Velutina lœvigata (exotique)	Velutina capuloidea *Blainv.*
· Natica catenifera	Natica helicina. Nerita helicina *Br.* Natica monilifera *Lam.* N. ampullaria *Lam.* Nerita glaucina *Penn.*
· Natica Valenciennesii	Natica glaucina. Nerita glaucina *Lin.* Natica castanea *Collard des Cherres.*
· Littorina littorea (exotique)	Littorina nigro-lineata *Gray.*
· Littorina cœrulescens	Littorina neritoides. Turbo neritoides *Lin.* (non *Lam.*) Turbo cœrulescens *Lam.*
· Littorina neritoides *Lam.* (non *Lin.*)	Littorina palliata *Say.*
· Littor. retusa. Turbo retusus *Lam.*	Littorina retusa. Turbo retusus *Lin.*
· Monodonta osilin	Labio crassus *Gray.* Trochus crassus *Mont.* T. punctulatus *Blainv.*
· Trochus cinereus	Trochus obliquatus *Gmel.*
· Trochus crenulatus	Trochus exasperatus *Pennant.*
· Trochus pyramidatus	Trochus parvus *Da Costa.*
· Emarginula reticulata	Emarg. rosea *Bell.* E. fissura Var. A. *Desh.*
· Nacella virginea	Tectura virginea. Patella virginea *Müll.*

' Bullœa aperta (exotique)........	Bullœa planciana *Lam.* B. aperta *Cuv.* Lobaria quadriloba *Müll.* Philine planciana *Recl.*
Bulla cornæa..................	Bulla hydatis *Lin.* B. cornea *Lam.*
' Aplysia plumula...............	Pleurobranchus plumula. Bulla plumula *Mont.*
Thracia distorta	(Ne vit pas sur nos côtes.)
' Pandora inæquivalvis (la Méditerranée)	Pandora rostrata *Lam.*
' Psammobia Ferroensis..........	Psam. Feroensis.
Amphidesma castanea	Mesodesma cornea. Tellina cornea *Poli.* Donax plebeja *Mont.* Amphidesma donacilla *Lam.* Mesodesma donacilla *Desh.*
' Artemis *Poli*..................	Dosinia *Scopoli.*
Tapes floridus (de la Méditerranée)....	Tapes aureus. Var. elongata.
' Tapes virgineus (exotique).......	Tapes rhomboides. Venus rhomboides *Penn.*
' Mytilus minimus (exotique)......	Myltius edulis, forma minor.
' Modiola Adriatica (type).........	Modiola tulipa *Lam.*
' Modiola Adriatica Var. ovalis.....	Modiola Adriatica *Lam.*
' Pectunculus glycimeris	Pectunculus pilosus *Lam.*
' Pecten tigrinus................	Pecten tigerinus *Müll.* P. obsoletus *Penn.* P. domesticus *Chemn.*

ESPÈCES RECUEILLIES DEPUIS L'IMPRESSION DU CATALOGUE.

LOLIGO SAGITTATA *Lam.* — Le littoral. (MM. Preux et Gand.)

MUREX DECUSSATUS *Gm.* M. erinaceus Var. B. *Lam.* — Le littoral ! J'avais confondu cette espèce avec le M. cinguliferus *Lam.* qui paraît étranger à nos côtes. C'est elle qui cause tant de ravages dans les parcs d'huîtres.

MANGELIA COSTATA. Murex costatus *Don.* — Le littoral !

M. COSTULATA *Risso.* Pleurotoma costulatum *Kien.* — Le littoral !

M. PHILBERTI. Pleurotoma Philberti *Mich.* Pl. variegatum Phil. — Le littoral ! — Cette espèce est distincte du M. purpurea (M. Recluz).

Nota. M. Recluz place le Lachesis minima dans le genre Anna *Risso* (Anna minima).

PURPURA LAPILLUS Var. bizonalis. P. bizonalis *Lam.* — Le littoral !

M. Gand assure avoir reçu de Belle-île plusieurs individus du Purpura hœmastoma *Lin.*

CASSIDARIA *Lamarck.*

C. RUGOSA. Buccinum rugosum *Lin.* Cass. Tyrrhena *Lam.* C. echinophora Var. Tyrrhena *Desh.* — Groix (MM. Preux et Gand).

LAMELLARIA CONVEXA. Sigaretus convexus *Blainv.* — Le littoral !

ODOSTOMIA *Fleming.*

O. PELLUCIDA *Jeffr.* — Le littoral !

O. INTERSTINCTA *Mont.* — Le littoral !

O. RISSOIDES *Hanl.* — Le littoral !

ACLIS *Loven.*

A. ASCARIS *Mont.* — Le littoral !

EULIMA DISTORTA *Desh.* — Le littoral !

TRIPHORIS *Deshayes.*

T. PERVERSUS. Cerithium perversum *Lam.* — Le littoral !

M. Recluz place le Cerithium Scabrum dans le genre Cerithiopsis *F. et H.* MM. Adams et Chenu le font entrer dans le genre Bittium *Leach.*

LITTORINA VITTATA *Phil.* Turbo obtusatus *Lam.* (non *Lin.*)—Le littoral !

Deux espèces du genre *Littorina*, communes sur nos côtes, sont confondues sous le nom de *L. tenebrosa* (Turbo tenebrosus *Montagu*).

L'une vit sur les ulves des étangs à mer; la seconde se fixe aux rochers du littoral. Celle-ci devra recevoir un nouveau nom. (Note de M. Recluz.) (1)

RISSOA CRENULATA *Mich.* — Le littoral !

R. LILACINA *Recl.* — Le littoral !

R. MEMBRANACEA. R. fragilis *Mich.* R. Souleyetana *Recl.* Turbo membranaceus *Adams.* — Golfe du Morbihan !

R. INTERRUPTA. Turbo interruptus *Adams.* — Le littoral !

Nota. Les R. crenulata, Lactea et Semistriata appartiennent au genre Alvania *Risso* : les R. cingillus et fulva entrent dans le genre Cingula *Loven*. (Notes de M. Recluz.)

HYDROBIA ULVÆ Var? major. — Etang du moulin à mer de Cantizac, Séné !

Cette variété, mieux connue, pourra constituer une espèce distincte. Sa coloration est celle du type; elle est subombiliquée; tous ses tours de spire, au nombre de huit, s'accroissent régulièrement; ils sont lisses, convexes, et, par suite, la suture est enfoncée. Hauteur : 10 millim.; largeur à la base : 4 millim.

BYTHINIA SIMILIS. Cyclostoma simile *Drap.* — Petits ruisseaux à Belle-île (M. Delaunay).

B. VIRIDIS. Bulimus viridis *Poir.* — Réservoirs de la citadelle de Belle-île (M. Delaunay).

MONODONTA VIEILLOTI *Payr.* — Gavre (MM. Preux et Gand).

MM. Petit de la Saussaye et Recluz pensent que cette coquille et les M. corallina et Jussieui ne vivent pas sur nos côtes. Je n'y ai du reste jamais rencontré ces espèces.

TROCHUS ZONATUS *Jeffr.* — Le littoral !

M. Recluz place cette rare espèce dans le genre Margarita *Leach.*

ADEORBIS *S. Wood.*

A. SUBCARINATUS *S. Wood.* — Le littoral !

CYLICHNA TRUNCATA. Bulla truncata *Mont.* — Le littoral !

C. CYLINDRICA. Bulla cylindrica *Penn.* — Le littoral !

---

(1) M. Recluz m'apprend qu'il va la décrire incessamment dans le journal de conchyliologie sous le nom de *Littorina Taslei*, et qu'il se propose de nommer *L. Delaunayi* l'espèce que j'avais rapportée au *L. patula* Jeffr.

BULLŒA CATENA. Bulla catena *Mont.* — Le littoral !

APLYSIA FASCIATA *Poir.* — Le littoral (MM. Preux et Gand).

DORIS *Linné.*

D. TUBERCULATA *Cuv.* — Le littoral (M. Gand).
D. OBVELATA *Mull.* — Le littoral (M. Gand).

ONCHIDORIS *Blainville.*

O. LEACHII *Blainv.* — Golfe du Morbihan !

CŒCILIANELLA *Bourguignat.*

C. ACICULA. Buccinum acicula *Mull.* Achatina acicula *Lam.* — Parc du château de Rochefort. !

HELIX PYGMŒA *Drap.* — Enclos du collége des Jésuites, à Vannes (le R. P. Heude).

Nous n'avons pas ici l'*Alexia myosotis* (type), mais bien une variété à ouverture moins large, et dont le bord droit est denticulé à l'intérieur. Quand la coquille est jeune, les tours de spire sont ornés au-dessous de la suture d'une ligne de poils assez longs qui disparaissent avec l'âge. (Observation du R. P. Heude.)

SAXICAVA OBLONGA. Hiatella oblonga *Turton.* — Le littoral !

Nota. La synonymie du *Saxicava arctica* doit être modifiée comme suit : Mya arctica *Lin.* Hiatella arctica *Lam.*

Obs. M. Recluz maintient la nécessité du genre *Syndosmia* pour les espèces suivantes, placées par M. Jeffreys dans le genre *Scrobicularia*, savoir : *S. alba-prismatica-segmentum-triangularis* (1).

DOSINIA UNDATA. Venus undata *Penn.* Lucina undata *Lam.* Lucinopsis undata *F. et H.* — Le littoral !

Obs. Ce n'est pas au *Tapes decussatus* mais bien au *T. pullastra* que M. Jeffreys rapporte, à titre de variété, le *T. geographicus.*

---

(1) J'ai reçu de M. Bara l'*Ervilia nitens* Turton. *Mya nitens* Mont. qu'il croit avoir été recueilli à Lorient. Originaire des Antilles, cette coquille est naturalisée à Cherbourg.

PISIDIUM OBTUSALE *Pfeiff.* — Ruisseau de Rohan, près Vannes (le R. P. Heude).

LUCINA BOREALIS. Venus borealis *Lin.* — Golfe du Morbihan!

PORONIA *Recluz.*

P. RUBRA. Cardium rubrum *Mont.* — Le littoral!

KELLIA SUBORBICULARIS. Mya suborbicularis *Mont.* — Méaban (le R. P. Heude).

TURTONIA *Hanley.*

T. MINUTA *F.* et *H.* Venus minuta *O. Fabr.* Pisidium Recluzianum *Bourg.* — Le golfe du Morbihan (le R. P. Heude).

C'est cette espèce que M. Cailliaud, mal renseigné par moi sur son Habitat, avait rapportée au genre *Pisidium*. Je suis la seule cause de cette erreur.

PECTEN OPERCULARIS Var. lineata. P. lineatus *D. C.* — Le littoral (abbé Bara).

Obs. M. Bara m'a communiqué un *Pecten* recueilli par lui sur les côtes de Plœmeur, et qu'il rapporte au *P. pusio*, *Ostrea pusio* Lin. Il pense avec raison, selon moi, que M. Deshayes s'est trompé en prenant cette coquille pour une variété naine du *P. varius.* C'est aussi l'opinion de M. Jeffreys, qui considère l'*Ostrea sinuosa* Gmel. dont M. Deshayes fait l'*Hinnites sinuosus*, comme un synonyme de l'*Ostrea pusio*. Par application des lois de l'antériorité, l'*Hinnites sinuosus* Desh. deviendra l'*H. pusio*. *Ostrea pusio* Lin. *O. sinuosa* Gmel. (1).

LIMA LOSCOMBII *Sow.* Ostrea aperta Var. *Gm.* — Le littoral!

ANOMIA ELECTRICA *Lin.* — Golfe du Morbihan!

A. ACULEATA *Mull.* — Le littoral (le R. P. Heude).

Cette dernière espèce est pour M. Recluz, l'*A. patelliformis* Lin.

TEREBRATULA *Lhwid.*

T. CAPUT-SERPENTIS. Anomia caput-serpentis *Lin.* — Groix (M. Preux).

---

(1) J'ai vu à Lorient, dans la collection de M. Bouchant, un *Pecten Jacobæus*. *Ostrea Jacobæa* Lin., qu'il croit avoir acheté au marché de cette ville.

FAUTES D'IMPRESSION.

Au lieu de Monoceros *am*, lire : Monoceros ***Lam.***

Au lieu de Trochus cinerarius ***in***, lire : T. cinerarius ***Lin.***

Au lieu d'Oleacina *Lolten*, lire : Oleacina ***Bolten.***

Au lieu de Lymnœa *M. T.*, lire : Limnœa ***Rang.*** — C'est M. Sander Rang qui, en 1829, a rectifié l'orthographe de ce nom.

Au lieu de Mactra stultorum ***in***, lire : M. stultorum ***Lin.***

Au lieu de Sphœrium corneum Var *V.* rivalis, et Var. *P.* nucleus, lire : Var. *C.* rivalis et Var. *D.* nucleus.

LISTE

Des Mollusques mentionnés dans le catalogue manuscrit de M. Gand, et qui ne paraissent pas avoir été observés de nouveau.

Buccinum d'Orbignyi *Payr.*
B. Cuvieri *Payr.*
Purpura hœmastoma *Lin.*
Columbella dermestoidea (Buccinum dermestoideum *Lam.*)
Trivia pediculus (Cyprœa pediculus *Lin.*)
Pileopsis intorta *Lam.*
Turbo rugosus *Lin.*
Emarginula Huzardii *Payr.*
Chiton marginatus *Penn.*
C. ruber *Bosc.*
Mactra crassatella *Lam.* (M. solida Var. truncata *Jeffr.*)
Amphidesma purpurascens *Lam.*
Venus discina *Lam.*
V. scotica *Mat.* (Astarte sulcata Var. *Jeffr.*)
V. sulcata *Mat.* (Astarte sulcata Var. incrassata *Jeffr.*)
Lucina digitalis *Lam.* (Tellina pisiformis *Lin.*)
Arca cardissa *Lam.* (Arca tetragona *Poli?*)
Ostrea fucorum *Lam.*

Vannes.— Imp. de L. Galles.

www.ingramcontent.com/pod-product-compliance
Ingram Content Group UK Ltd.
Pitfield, Milton Keynes, MK11 3LW, UK
UKHW021532260726
13993UKWH00004B/1949

9 782329 607863